MÉTHODE

DE

CALCUL ORAL

SERVANT

D'INTRODUCTION À TOUTES LES ARITHMÉTIQUES

PAR J. BAILLY

ANCIEN INSTITUTEUR

INSPECTEUR DE L'ENSEIGNEMENT PRIMAIRE

PARTIE DE L'ÉLÈVE.

PARIS

CH. DELAGRAVE ET Cie, LIB.-ÉDITEURS

58, RUE DES ÉCOLES, 58.

1870

Toutes nos éditions sont revêtues de notre griffe.

PARIS. — IMP. ADRIEN LE CLERE, RUE CASSETTE, 29.

NOTIONS PRÉLIMINAIRES.

Quand on veut savoir combien il y a de personnes dans une société, d'objets dans une réunion, dans une quantité, on les compte.

Compter, c'est donc chercher combien il y a de personnes, d'objets, dans une réunion.

Chaque personne, chaque objet, s'appelle alors *unité*.

L'unité est donc l'un des objets que l'on compte.

Le résultat que l'on obtient en comptant s'appelle *nombre*.

Ainsi le nombre est le mot qui dit combien on a compté de personnes, d'objets, d'unités.

Les nombres se représentent ou par des mots écrits ou parlés ou par des chiffres.

PREMIÈRE PARTIE

Ire LEÇON [1].

PREMIÈRE DIZAINE.

Pour compter, on dit :

Nombres représentés par des mots écrits.	Nombres représentés par des chiffres.
un.	1
deux	2
trois.	3
quatre.	4
cinq.	5
six.	6
sept.	7
huit.	8
neuf.	9
dix.	10

Nota. — Les neufs premiers nombres ne contiennent que des unités simples ou unités du premier ordre ; le dixième s'appelle dizaine ou unité du deuxième ordre.

---

1. Le mot *leçon* signifie ici simplement la partie du calcul qui doit être étudiée en même temps, et non ce que l'on doit voir et savoir dans une séance. Une seule leçon peut et doit souvent occuper plusieurs classes, plusieurs jours, quelquefois plusieurs semaines. On doit y revenir jusqu'à ce qu'elle soit parfaitement sue.

EXERCICES SUR LA PREMIÈRE LEÇON.

1° VALEUR DES CHIFFRES.

		1	.	.	.	.	.	.	.	.	1
	1	1	.	.	.	.	.	.	.	.	2
	1	1	1	.	.	.	.	.	.	.	3
	1	1	1	1	.	.	.	.	.	.	4
1	1	1	1	1	.	.	.	.	.	.	5
1	1	1	1	1	1	.	.	.	.	.	6
1	1	1	1	1	1	1	.	.	.	.	7
1	1	1	1	1	1	1	1	.	.	.	8
1	1	1	1	1	1	1	1	1	.	.	9

2° *Questionnaire.*

1e Dire les dix premiers nombres, en ajoutant successivement l'unité.

2e Défaire la dizaine, en retranchant successivement l'unité.

3e Qu'appelle-t-on unités simples?

4e Qu'appelle-t-on dizaine?

5e Combien faut-il d'unités pour une dizaine?

6e Combien la dizaine vaut-elle d'unités?

7e Écrivez en toutes lettres chacun des dix premiers nombres.

8e Tracez le caractère représentant chacun des neuf premiers nombres.

9e Écrivez en chiffres le nombre dix.

10e Faire remarquer que le 0 (zéro) ne représente rien par lui-même, et que le chiffre des dizaines se place à la gauche de celui des unités.

11e Comptez dix objets, et groupez-les par 2. Combien avez-vous de groupes? — Groupez-les par 3. Combien de groupes, et combien d'unités de reste? — Groupez-les par 4. Combien de groupes, et combien d'unités de reste? — Groupez-les par 5. Combien de groupes?

IIᵉ LEÇON.

1º RÉPÉTITION DE LA PREMIÈRE. — **2º** DEUXIÈME DIZAINE.

onze, ...	11
douze.	12
treize, ...	13
quatorze, ...	14
quinze.	15
seize.	16
dix-sept.	17
dix-huit.	18
dix-neuf.	19
vingt.	20

Questionnaire.

1ᵉ Commencer par celui de la première leçon.

2ᵉ Défaire la deuxième dizaine, en ôtant successivement l'unité.

3ᵉ De quoi se composent 11, 12, 13, etc., jusqu'à 20?

4ᵉ Comment appelle-t-on une dizaine, deux dizaines?

5ᵉ Combien faut-il de dizaines pour faire 20?

6ᵉ Combien font deux dizaines, ou deux fois dix?

7ᵉ Comment appelle-t-on une dizaine et cinq unités?

8ᵉ Même question pour chaque nombre de 10 à 20.

9ᵉ Écrivez en chiffres le nombre dix-huit.

10ᵉ Même exercice pour chaque nombre de 10 à 20.

11ᵉ Faire remarquer que le chiffre des dizaines s'écrit à la gauche de celui des unités, et que celui-ci occupe la première place à droite.

12ᵉ Comptez vingt objets, et groupez-les par 2. Combien avez-vous de groupes? — Groupez-les par 3. Combien de groupes, et combien d'unités de reste? — Groupez-les par 4. Combien de groupes? — Par 5. Combien de groupes? — Par 6. Combien de groupes, et combien d'unités de reste? — Par 7. Combien de groupes, et combien d'unités de reste ? — Par 8. Combien de groupes, et combien d'unités de reste ? — Par 9. Combien de groupes, et combien d'unités de reste? — Par 10. Combien de groupes?

13e Faire remarquer l'irrégularité des nombres onze, douze, treize, quatorze, quinze et seize, qui devraient s'appeler dix-un, dix-deux, dix-trois, dix-quatre, dix-cinq, dix-six, comme on dit dix-sept, dix-huit, dix-neuf. Appeler l'attention sur la valeur de ces noms irréguliers.

IIIe LEÇON.

1° RÉPÉTITION DES DEUX PREMIÈRES. — 2° TROISIÈME DIZAINE.

vingt-un.	21
vingt-deux.	22
vingt-trois.	23
vingt-quatre.	24
vingt-cinq.	25
vingt-six.	26
vingt-sept.	27
vingt-huit.	28
vingt-neuf.	29
trente.	30

Questionnaire.

1e Revoir celui de la leçon précédente.

2e Défaire la troisième dizaine, en ôtant successivement l'unité.

3e De quoi se composent 21, 22, 23, etc., jusqu'à 30 ?

4e Comment appelle-t-on trois dizaines ?

5e Combien faut-il de dizaines pour faire trente ?

6e Combien font trois dizaines, ou 3 fois 10 ?

7e Comment appelle-t-on deux dizaines et un, deux dizaines et deux ?

8e Même question pour chaque nombre de 20 à 30.

9e Écrivez en chiffres le nombre vingt-quatre.

10e Même exercice pour chaque nombre de 20 à 30.

11e Faire remarquer que le chiffre des dizaines s'écrit à la gauche de celui des unités, et que celui-ci occupe la première place à droite. — Faire remarquer aussi que dans 20 et dans 30 le 0 (zéro) indique qu'il n'y a pas d'unité dans ces nombres.

12e Comptez trente objets, et groupez-les par 2. Combien avez-vous de groupes? — Groupez-les par 3. Combien de groupes? — Par 4. Combien de groupes, et combien d'unités de reste? — Par 5. Combien de groupes?— Par 6. Combien de groupes? — Par 7. Combien de groupes, et combien d'unités de reste? — Par 8. Combien de groupes, et combien d'unités de reste? — Par 9. Combien de groupes, et combien d'unités de reste? — Par 10 Combien de groupes? Et ainsi de suite, jusqu'au groupe de 15.

IVe LEÇON.

1° RÉPÉTITION DES PRÉCÉDENTES. — 2° QUATRIÈME

DIZAINE.

trente-un.	31
trente-deux.	32
trente-trois.	33
trente-quatre. . . , ...	34
trente-cinq.	35
trente-six.	36
trente-sept.	37
trente-huit.	38
trente-neuf.	39
quarante.	40

Questionnaire.

1° Revoir celui de la leçon précédente.

2° Défaire la quatrième dizaine, en ôtant successivement l'unité.

3° De quoi se composent 31, 32, 33, 34, etc., jusqu'à 40?

4° Comment appelle-t-on quatre dizaines?

5° Combien faut-il de dizaines pour faire quarante?

6° Combien font quatre dizaines ou 4 fois 10?

7° Comment appelle-t-on trois dizaines et un, trois dizaines et deux?

8° Même question pour chaque nombre de 30 à 40.

9° Écrire en chiffres le nombre trente-cinq.

10° Même exercice pour chaque nombre de 30 à 40.

11° Faire remarquer que le chiffre des dizaines s'écrit à la gauche de celui des unités, et que celui-ci occupe la première place à droite. — Faire remarquer aussi que dans 30 et 40 le 0 (zéro) indique qu'il n'y a pas d'unité dans ces nombres.

12° Comptez quarante objets, et groupez-les par 2. Combien de groupes? — Groupez-les par 3. Combien de groupes, et combien d'unités de reste? — Par 4. Combien de groupes? — Par 5. Combien de groupes? — Par 6, Combien de groupes, et combien d'unités de reste? — Par 7. Combien de groupes, et combien d'unités de reste? — Par 8. Combien de groupes? — Par 9. Combien de groupes, et combien d'unités de reste? — Par 10. Combien de groupes? Et ainsi de suite, jusqu'au groupe de 20.

Vᵉ LEÇON.

1° RÉPÉTITION DES PRÉCÉDENTES. — 2° CINQUIÈME DIZAINE.

quarante-un.   41

quarante-deux.   42

quarante-trois.   43

quarante-quatre. 44

quarante-cinq. 45

quarante-six. 46

quarante-sept. 47

quarante-huit. 48

quarante-neuf. 49

cinquante. 50

Questionnaire.

1e Revoir celui de la leçon précédente.

2e Défaire la cinquième dizaine, en ôtant successivement l'unité.

3e De quoi se composent 41, 42, 43, etc., jusqu'à 50.

4e Comment appelle-t-on cinq dizaines?

5e Combien faut-il de dizaines pour faire cinquante?

6e Combien font cinq dizaines ou 5 fois 10?

7e Comment appelle-t-on quatre dizaines et un, quatre
dizaines et deux?

8e Même question pour chaque nombre de 40 à 50.

9e Ecrire en chiffres le nombre quarante-sept.

10e Même exercice pour chaque nombre de 40 à 50.

11e Faire remarquer que le chiffre des dizaines s'écrit
à la gauche de celui des unités, et que celui-ci occupe la
première place à droite. — Faire remarquer aussi que
le 0 (zéro) indique le manque d'unités dans ces nombres.

12e Comptez cinquante objets et groupez-les par 2.
Combien de groupes? — Groupez-les par 3. Combien
de groupes, et combien d'unités de reste? — Par 4. Combien de groupes, et combien d'unités de reste? — Par 5.
Combien de groupes? — Par 6. Combien de groupes, et
combien d'unités de reste? — Par 7. Combien de groupes, et combien d'unités de reste? — Par 8. Combien de
groupes, et combien d'unités de reste. — Par 9. Combien
de groupes, et combien d'unités de reste? — Par 10.
Combien de groupes? Et ainsi de suite, jusqu'au groupe
de 25.

VIᵉ LEÇON.

1º RÉPÉTITION DES PRÉCÉDENTES. — 2º. SIXIÈME DIZAINE.

cinquante-un.	51
cinquante-deux.	52
cinquante-trois.	53
cinquante-quatre.	54
cinquante-cinq.	55
cinquante-six.	56
cinquante-sept.	57
cinquante-huit.	58
cinquante-neuf.	59
soixante.	60

Questionnaire.

1ᵉ Revoir celui de la leçon précédente.

2ᵉ Defaire la sixième dizaine, en ôtant successivement l'unité.

3ᵉ De quoi se composent 51, 52, 53, etc., jusqu'à 60 ?

4ᵉ Comment appelle-t-on six dizaines ?

5ᵉ Combien faut-il de dizaines pour faire soixante ?

6ᵉ Combien font six dizaines ou 6 fois 10 ?

7ᵉ Comment appelle-t-on cinq dizaines et un, cinq dizaines et deux ?

8ᵉ Même question pour chaque nombre de 50 à 60.

9ᵉ Ecrire en chiffres le nombre cinquante-six.

10ᵉ Même exercice pour chaque nombre de 50 à 60.

11ᵉ Où se place le chiffre qui représente les unités simples ?

12ᵉ Où se place le chiffre qui représente les dizaines ?

13ᵉ Comptez soixante objets, et groupez-les par 2. Combien de groupes ? — Groupez-les par 3. Combien de groupes ? — Par 4. Combien de groupes ? — Par 5, Combien de groupes ? — Par 6. Combien de groupes ? — Par 7.

Combien de groupes, et combien d'unités de reste? — Par 8. Combien de groupes, et combien d'unités de reste? — Par 9. Combien de groupes, et combien d'unités de reste? — Par 10. Combien de groupes? — Par 11. Combien de groupes, et combien d'unités de reste? — Par 12. Combien de groupes? — Par 13. Combien de groupes, et combien d'unités de reste? Et ainsi de suite, jusqu'au groupe de 30.

VIIᵉ LEÇON.

1° RÉPÉTITION DES PRÉCÉDENTES. — 2° SEPTIÈME DIZAINE.

soixante-un 61
soixante-deux. 62
soixante-trois. 63
soixante-quatre. 64
soixante-cinq 65
soixante-six. 66
soixante-sept. 67
soixante-huit. 68
soixante-neuf. 69
soixante-dix. 70

Questionnaire.

1ᵉ Revoir celui de la leçon précédente.

2ᵉ Défaire la septième dizaine, en ôtant successivement l'unité.

3ᵉ De quoi se composent 61, 62, 63, etc., jusqu'à 70?

4ᵉ Comment appelle-t-on sept dizaines?

5ᵉ Combien faut-il de dizaines pour faire soixante-dix?

6ᵉ Combien font sept dizaines ou 7 fois 10?

7ᵉ Comment appelle-t-on six dizaines et un, six dizaines et deux?

8° Même question pour chaque nombre de 60 à 70.

9° Écrire en chiffres le nombre soixante-huit.

10° Même exercice pour chaque nombre de 60 à 70.

11° Où se place le chiffre qui représente les dizaines?

12° Où se place celui qui représente les unités simples?

13° Comptez soixante-dix objets, et groupez-les par 2. Combien de groupes? — Groupez-les par 3. Combien de groupes, et combien d'unités de reste? — Par 4. Combien de groupes, et combien d'unités de reste? — Par 5. Combien de groupes? — Par 6. Combien de groupes, et combien d'unités de reste? — Par 7. Combien de groupes? — Par 8. Combien de groupes, et combien d'unités de reste? — Par 9. Combien de groupes, et combien d'unités de reste? — Par 10. Combien de groupes? Et ainsi de suite, jusqu'au groupe de 35.

VIII° LEÇON.

1° RÉPÉTITION DES PRÉCÉDENTES. — 2° HUITIÈME DIZAINE.

soixante-onze	71
soixante-douze	72
soixante-treize	73
soixante-quatorze	74
soixante-quinze.	75
soixante-seize.	76
soixante-dix-sept.	77
soixante-dix-huit.	78
soixante-dix-neuf.	79
quatre-vingts.	80

Questionnaire.

1° Revoir celui de la leçon précédente.

2° Défaire la huitième dizaine, en ôtant successivement l'unité.

3e De quoi se composent 71, 72, 73, etc., jusqu'à 80?

4e Comment appelle-t-on huit dizaines?

5e Combien faut-il de dizaines pour faire quatre-vingts?

6e Combien font 8 dizaines, ou 8 fois 10?

7e Comment appelle-t-on huit dizaines et un, huit dizaines et deux?

8e Même question pour chaque nombre de 70 à 80?

9e Ecrire en chiffres le nombre soixante-treize.

10e Même exercice pour chaque nombre de 70 à 80.

11e Où se place le chiffre qui représente les unités simples?

12e Où se place celui qui représente les dizaines?

13e Dans le nombre 80, qu'indique le 0?

14e Comptez quatre-vingts objets, et groupez-les par 2. Combien de groupes? — Groupez-les par 3. Combien de groupes, et combien d'unités de reste? — Par 4. Combien de groupes? — Par 5. Combien de groupes? — Par 6. Combien de groupes, et combien d'unités de reste? — Par 7. Combien de groupes, et combien d'unités de reste? — Par 8. Combien de groupes? — Par 9. Combien de groupes, et combien d'unités de reste? — Par 10. Combien de groupes? Et ainsi de suite, jusqu'au groupe de 40.

IXe LEÇON.

1° RÉPÉTITION DES PRÉCÉDENTES. 2° NEUVIÈME DIZAINE.

quatre-vingt-un. 81
quatre-vingt-deux. 82
quatre-vingt-trois. 83
quatre-vingt-quatre. 84
quatre-vingt-cinq. 85
quatre-vingt-six. 86
quatre-vingt-sept. 87

quatre-vingt-huit. 88

quatre-vingt-neuf. 89

quatre-vingt-dix. 90

Questionnaire.

1e Revoir celui de la leçon précédente.

2e Défaire la neuvième dizaine, en ôtant successivement l'unité.

3e De quoi se composent 81, 82, 83, etc., jusqu'à 90 ?

4e Comment appelle-t-on neuf dizaines ?

5e Combien faut-il de dizaines pour faire quatre-vingt-dix ?

6e Combien font neuf dizaines ou 9 fois 10 ?

7e Comment appelle-t-on huit dizaines et un, huit dizaines et deux ?

8e Même question pour chaque nombre de 80 à 90.

9e Ecrire en chiffres le nombre quatre-vingt-deux.

10e Même exercice pour chaque nombre de 80 à 90.

11e Où se place le chiffre qui represente les unités simples ?

12e Où se place celui qui représente les dizaines ?

13e Dans le nombre 90, qu'indique le 0 ?

14e Comptez quatre-vingt-dix objets, et groupez-les par 2. Combien de groupes ? — Groupez-les par 3. Combien de groupes ? — Par 4. Combien de groupes, et combien d'unités de reste ? — Par 5. Combien de groupes ? — Par 6. Combien de groupes ? — Par 7. Combien de groupes, et combien d'unités de reste ? — Par 8. Combien de groupes, et combien d'unités de reste ? — Par 9. Combien de groupes ? — Par 10. Combien de groupes ? — Par 11. Combien de groupes, et combien d'unités de reste ? — Par 12. Combien de groupes, et combien d'unités de reste ? Et ainsi de suite, jusqu'au groupe de 45.

Xᵉ LEÇON.

1° RÉPÉTITION DES PRÉCÉDENTES.—2° DIXIÈME DIZAINE.

quatre-vingt-onze.	91
quatre-vingt-douze.	92
quatre-vingt-treize	93
quatre-vingt-quatorze.	94
quatre-vingt-quinze.	95
quatre-vingt-seize.	96
quatre-vingt-dix-sept.	97
quatre-vingt-dix-huit.	98
quatre-vingt-dix-neuf.	99
cent.	100

Questionnaire.

1ᵉ Compter cent objets.

2ᵉ Défaire la centaine, en ôtant une seule unité à la fois.

3 De quoi se compose quatre-vingt-quinze?

4° Même question pour tous les nombres compris entre quatre-vingt-dix et cent.

5° Dire, par ordre, le nom de chacune des dizaines qu composent cent.

6° Défaire la centaine, en ôtant une dizaine à la fois.

7° Comment appelle-t-on dix dizaines ?

8° Combien faut-il de dizaines pour faire 100 ?

9° Combien font dix dizaines, ou 10 fois 10 ?

10° Comment appelle-t-on 9 dizaines et 4 unités ?

11° Même question pour chaque nombre compris entre 90 et 100.

12° Écrire en chiffres le nombre quatre-vingt-quinze.

13° Même exercice pour chaque nombre de 90 à 100.

14° Faire remarquer que le chiffre des centaines s'écrit à la gauche de celui des dizaines, et celui des dizaines à la gauche de celui des unités, qui occupe la première

place à droite. — Faire remarquer que le zéro indique le manque de dizaine et le manque d'unité.

15e Où place-t-on le chiffre qui représente les unités?

16e Où place-t-on celui qui représente les dizaines?

17e Où place-t-on celui qui représente les centaines?

18d Dans le nombre 100, qu'indique chaque zéro?

19e Comptez cent objets, et groupez-les par 2. Combien de groupes? — Groupez-les par 3. Combien de groupes, et combien d'unités de reste? — Groupez-les par 4. Combien de groupes?—Par 5. Combien de groupes?—Par 6.— Combien de groupes, et combien d'unités de reste? — Par 7. Combien de groupes, et combien d'unités de reste?— Par 8. Combien de groupes, et combien d'unités de reste?— Par 9, Combien de groupes, et combien d'unités de reste? —Par 10. Combien de groupes? — Par 11. Combien de groupes, et combien d'unités de reste? Et ainsi de suite, jusqu'au groupe de 50.

XIe LEÇON

La septième, la huitième et la neuvième dizaine ont deux noms. Ceux que nous leur avons donnés plus haut sont les plus fréquemment employés. Cependant il faut savoir que beaucoup de personnes disent septante au lieu de soixante-dix, huitante au lieu de quatre-vingts, et nonante au lieu de quatre-vingt-dix, et c'est plus régulier, plus rationnel. Alors on a tout naturellement

septante-un	71
septante-deux.	72
septante-trois. . . , ...	73
septante-quatre. . . . . . . , .	74
septante-cinq.	75
septante-six.	76
septante-sept.	77

septante-huit. 78

septante-neuf. 79

huitante. 80

huitante-un 81

huitante-deux. 82

huitante-trois. 83

huitante-quatre 84

huitante-cinq 85

huitante-six 86

huitante-sept. 87

huitante-huit 88

huitante-neuf 89

nonante. 90

nonante-un. 91

nonante-deux 92

nonante-trois 93

nonante-quatre 94

nonante-cinq 95

nonante-six. 96

nonante-sept. 97

nonante-huit 98

nonante-neuf. 99

cent. 100

DEUXIÈME PARTIE

XIIe LEÇON.

N° 1.

1	2	3	4	5	6	7	8	9
1	1	1	1	1	1	1	1	1
2	3	4	5	6	7	8	9	10

XIIIe LEÇON.

N° 2.

1 2	2 2	3 2	4 2	5 2	6 2	7 2	8 2	9 2
3	4	5	6	7	8	9	10	11

XIVe LEÇON.

N° 3.

1 3	2 3	3 3	4 3	5 3	6 3	7 3	8 3	9 3
4	5	6	7	8	9	10	11	12

XVe LEÇON.

N° 4.

1 4	2 4	3 4	4 4	5 4	6 4	7 4	8 4	9 4
5	6	7	8	9	10	11	12	13

XVIe LEÇON.

N° 5.

1 5	2 5	3 5	4 5	5 5	6 5	7 5	8 5	9 5
6	7	8	9	10	11	12	13	14

XVIIᵉ LEÇON.

Nᵒ 6.

1	2	3	4	5	6	7	8	9
6	6	6	6	6	6	6	6	6
7	8	9	10	11	12	13	14	15

XVIIIᵉ LEÇON.

Nᵒ 7.

1	2	3	4	5	6	7	8	9
7	7	7	7	7	7	7	7	7
8	9	10	11	12	13	14	15	16

XIXᵉ LEÇON.

Nᵒ 8.

1	2	3	4	5	6	7	8	9
8	8	8	8	8	8	8	8	8
9	10	11	12	13	14	15	16	17

XXᵉ LEÇON.

Nᵒ 9.

1	2	3	4	5	6	7	8	9
9	9	9	9	9	9	9	9	9
10	11	12	13	14	15	16	17	18

EXERCICES SUR LA DEUXIÈME PARTIE.

1e Combien font 2 et 2, — 3 et 3, — 4 et 4, — 5 et 5, — 6 et 6, — 7 et 7, — 8 et 8, — 9 et 9?

2e Combien font 9 et 2, — 8 et 2, — 7 et 2, — 6 et 2, — 5 et 2, — 4 et 2, — 3 et 2?

3e Combien font 9 et 3, — 8 et 3, — 7 et 3, — 6 et 3, — 5 et 3, — 4 et 3, — 2 et 3?

4e Combien font 9 et 4, — 8 et 4, — 7 et 4, — 6 et 4, — 5 et 4, — 3 et 4, — 2 et 4?

5e Combien font 9 et 5, — 8 et 5, — 7 et 5, — 6 et 5, — 4 et 5, — 3 et 5, — 2 et 5?

6e Combien font 9 et 6, — 8 et 6, — 7 et 6, — 5 et 6, — 4 et 6, — 3 et 6, — 2 et 6?

7e Combien font 9 et 7, — 8 et 7, — 6 et 7, — 5 et 7, — 4 et 7, — 3 et 7, — 2 et 7?

8e Combien font 9 et 8, — 7 et 8, — 6 et 8, — 5 et 8, — 4 et 8, — 3 et 8, — 2 et 8?

9e Combien font 8 et 9, — 7 et 9, — 6 et 9, — 5 et 9, — 4 et 9, — 3 et 9, — 2 et 9?

10e Combien donnent 2 ôtés de 3, — de 4, — de 5, — de 6, — de 7, — de 8, — de 9?

11e Combien donnent 3 ôtés de 4, — de 5, — de 6, — de 7, — de 8, — de 9?

12e Combien donnent 4 ôtés de 5, — de 6, — de 7, — de 8, — de 9?

13e Combien donnent 5 ôtés de 6, — de 7, — de 8, — de 9?

14e Combien donnent 6 ôtés de 7, — de 8, — de 9?

15e Combien donnent 7 ôtés de 8, — de 9?

TROISIÈME PARTIE

XXIᵉ LEÇON.

Nº 1.

$$
\begin{array}{rll}
1 \quad \ldots\ldots\ldots\ldots\ldots & 2 & = 2 \\
2 \quad \ldots\ldots\ldots\ldots & 2+2 & = 4 \\
3 \quad \ldots\ldots\ldots & 2+2+2 & = 6 \\
4 \quad \ldots\ldots & 2+2+2+2 & = 8 \\
5 \quad \ldots\ldots & 2+2+2+2+2 & = 10 \\
6 \quad \ldots & 2+2+2+2+2+2 & = 12 \\
7 \quad \ldots & 2+2+2+2+2+2+2 & = 14 \\
8 \quad \ldots & 2+2+2+2+2+2+2+2 & = 16 \\
9 \quad \ldots & 2+2+2+2+2+2+2+2+2 & = 18 \\
\end{array}
$$

EXERCICES SUR LE Nº 1.

1ᵉ Combien font 1 fois 2, — 2 fois 2, — 3 fois 2, — 4 fois 2, — 5 fois 2, — 6 fois 2, — 7 fois 2, — 8 fois 2, — 9 fois 2?

2ᵉ Ajouter neuf fois le nombre 2, en suivant, de haut en bas, la dernière colonne verticale de droite, et en disant : 2 et 2 quatre, et 2 six, et 2 huit, et 2 dix, etc.

3ᵉ De 18, retrancher successivement 2, jusqu'à extinction, en suivant, de bas en haut, la dernière colonne verticale de droite, et en disant : 18 moins 2 égalent 16, moins 2 égalent 14, moins 2 égalent 12, etc.

4ᵉ Combien de fois 2 dans 18, — dans 16, — dans 14, — dans 12, — dans 10, — dans 8, — dans 6, — dans 4, — dans 2?

XXIIᵉ LEÇON.

Nᵒ 2.

1 3	=	3
2 . . . . 3+3	=	6
3 . . . . 3+3+3	=	9
4 . . . . 3+3+3+3	=	12
5 . . . . . . 3+3+3+3+3	=	15
6 . . . . . 3+3+3+3+3+3	=	18
7 . . . . 3+3+3+3+3+3+3	=	21
8 . . . 3+3+3+3+3+3+3+3	=	24
9 . . 3+3+3+3+3+3+3+3+3	=	27

EXERCICES SUR LE Nᵒ 2.

1ᵉ Combien font 1 fois 3, — 2 fois 3, — 3 fois 3, — 4 fois 3, — 5 fois 3, — 6 fois 3, — 7 fois 3, — 8 fois 3, — 9 fois 3?

2ᵉ Ajouter neuf fois le nombre 3, en suivant, de haut en bas, la dernière colonne verticale de droite, et en disant : 3 et 3 six, et 3 neuf, et 3 douze, etc.

3ᵉ De 27, retrancher successivement 3, jusqu'à extinction, en suivant, de bas en haut, la dernière colonne verticale de droite, et en disant : 27 moins 3 égalent 24, moins 3 égalent 21, moins 3 égalent 18, etc.

4ᵉ Combien de fois 3 dans 27, — dans 24, — dans 21, — dans 18, — dans 15, — dans 12, — dans 9, dans 6, — dans 3?

XXIIIᵉ LEÇON.

Nº 3.

$$
\begin{array}{rl}
1 \quad\ldots\ldots\ldots\ldots\ldots & 4 = 4 \\
2 \quad\ldots\ldots\ldots\ldots & 4+4 = 8 \\
3 \quad\ldots\ldots\ldots & 4+4+4 = 12 \\
4 \quad\ldots\ldots & 4+4+4+4 = 16 \\
5 \quad\ldots\ldots & 4+4+4+4+4 = 20 \\
6 \quad\ldots & 4+4+4+4+4+4 = 24 \\
7 \quad\ldots & 4+4+4+4+4+4+4 = 28 \\
8 \quad\ldots & 4+4+4+4+4+4+4+4 = 32 \\
9 \quad\ldots & 4+4+4+4+4+4+4+4+4 = 36
\end{array}
$$

EXERCICES SUS LE Nº 3.

1ᵉ Combien font 1 fois 4. — 2 fois 4 — 3 fois 4. — 4 fois 4. — 5 fois 4. — 6 fois 4. — 7 fois 4. — 8 fois 4. — 9 fois 4?

2ᵉ Ajouter neuf fois le nombre 4, en suivant, de haut en bas, la dernière colonne verticale de droite, et en disant : 4 et 4 huit, et 4 douze, et 4 seize, etc.

3ᵉ De 36, retrancher successivement 4, jusqu'à extinction, en suivant, de bas en haut, la dernière colonne verticale de droite, et en disant : 36 moins 4 égalent 32. — moins 4 égalent 28, etc.

4º Combien de fois 4 dans 36, — dans 32, — dans 28, — dans 24, — dans 20, — dans 16, — dans 12, dans 8, — dans 4?

XXIVe LEÇON.

N° 4.

1 5	=	5
2 . . . . 5+5	=	10
3 . . . . 5+5+5	=	15
4 . . . . 5+5+5+5	=	20
5 . . . . . . 5+5+5+5+5	=	25
6 . . . . . 5+5+5+5+5+5	=	30
7 . . . . 5+5+5+5+5+5+5	=	35
8 . . . 5+5+5+5+5+5+5+5	=	40
9 . . 5+5+5+5+5+5+5+5+5	=	45

EXERCICES SUR LE N° 4.

1e Combien font 1 fois 5, — 2 fois 5, — 3 fois 5, — 4 fois 5, — 5 fois 5, — 6 fois 5, — 7 fois 5, — 8 fois 5. — 9 fois 5?

2e Ajouter neuf fois le nombre 5, en suivant, de haut en bas, la dernière colonne verticale de droite, et en disant : 5 et 5 dix, et 5 quinze, et 5 vingt, etc.

3e De 45, retrancher successivement 5, jusqu'à extinction, en suivant, de bas en haut, la dernière colonne verticale de droite, et en disant : 45 moins 5 égalent 40, moins 5 égalent 35, moins 5 égalent 30, etc.

4e Combien de fois 5 dans 45, — dans 40, — dans 35, — dans 30, — dans 25, — dans 20, — dans 15, — dans 10, — dans 5 ?

XXVe LEÇON.

No 5.

$$1 \quad . \quad . \quad . \quad . \quad . \quad . \quad . \quad . \quad . \quad . \quad 6 \quad = \quad 6$$
$$2 \quad . \quad . \quad . \quad . \quad . \quad . \quad . \quad . \quad 6+6 \quad = \quad 12$$
$$3 \quad . \quad . \quad . \quad . \quad . \quad . \quad . \quad 6+6+6 \quad = \quad 18$$
$$4 \quad . \quad . \quad . \quad . \quad . \quad . \quad 6+6+6+6 \quad = \quad 24$$
$$5 \quad . \quad . \quad . \quad . \quad . \quad 6+6+6+6+6 \quad = \quad 30$$
$$6 \quad . \quad . \quad . \quad . \quad 6+6+6+6+6+6 \quad = \quad 36$$
$$7 \quad . \quad . \quad . \quad 6+6+6+6+6+6+6 \quad = \quad 42$$
$$8 \quad . \quad . \quad . \quad 6+6+6+6+6+6+6+6 \quad = \quad 48$$
$$9 \quad . \quad . \quad 6+6+6+6+6+6+6+6+6 \quad = \quad 54$$

EXERCICES SUR LE No 5.

1e Combien font 1 fois 6, — 2 fois 6, — 3 fois 6, 4 fois 6, — 5 fois 6, — 6 fois 6, — 7 fois 6, — 8 fois 6, — 9 fois 6?

2e Ajouter neuf fois le nombre 6, en suivant, de haut en bas, la dernière colonne verticale de droite, et en disant : 6 et 6 douze, et 6 dix-huit, et 6 vingt-quatre, etc.

3e De 54, retrancher successivement 6, jusqu'à extinction, en suivant, de bas en haut, la dernière colonne verticale de droite, et en disant : 54 moins 6 égalent 48, moins 6 égalent 42, moins 6 égalent 36, etc.

4e Combien de fois 6 dans 54, — dans 48, — dans 42, — dans 36, — dans 30, — dans 24, — dans 18, dans 12, — dans 6?

XXVIe LEÇON.

No 6.

1	=	7
2 . . . . 7+7	=	14
3 . . . . 7+7+7	=	21
4 . . . . 7+7+7+7	=	28
5 . . . . . . 7+7+8+7+7	=	35
6 . . . . . 7+7+7+7+7+7	=	42
7 . . . . 7+7+7+7+7+7+7	=	49
8 . . . 7+7+7+7+7+7+7+7	=	56
9 . . 7+7+7+7+7+7+7+7+7	=	63

EXERCICES SUR LE No 6.

1e Combien font 1 fois 7, — 2 fois 7, — 3 fois 7, —4 fois 7,—5 fois 7,—6 fois 7, — 7 fois 7, —8 fois 7. — 9 fois 7?

2e Ajouter neuf fois le nombre 7, en suivant, de haut en bas, la dernière colonne verticale de droite, et en disant : 7 et 7 font quatorze, et 7 vingt-un, et 7 vingt-huit, etc.

3e De 63, retrancher successivement 7, jusqu'à extinction, en suivant, de bas en haut, la dernière colonne verticale de droite, et en disant : 63 moins 7 égalent 56, moins 7 égalent 49, moins 7 égalent 42, etc.

4e Combien de fois 7 dans 63, — dans 56, —dans 49, — dans 42, — dans 35, — dans 28, — dans 21, — dans 14, — dans 7?

XXVIIe LEÇON.

N° 7.

1 8	$=$	8
2 . . . . 8+8	$=$	16
3 . . . . 8+8+8	$=$	24
4 . . . . 8+8+8+8	$=$	32
5 . . . . . . 8+8+8+8+8	$=$	40
6 . . . . . 8+8+8+8+8+8	$=$	48
7 . . . . 8+8+8+8+8+8+8	$=$	56
8 . . . 8+8+8+8+8+8+8+8	$=$	64
9 . . 8+8+8+8+8+8+8+8+8	$=$	72

EXERCICES SUR LE N° 7.

1e Combien font 1 fois 8. — 2 fois 8. — 3 fois 8. — 4 fois 8. — 5 fois 8. — 6 fois 8. — 7 fois 8. — 8 fois 8. — 9 fois 8 ?

2e Ajouter neuf fois le nombre 8, en suivant, de haut en bas, la dernière colonne verticale de droite, et en disant : 8 et 8 seize, et 8 vingt-quatre, et 8 trente-deux, et 8 quarante, etc.

3e De 72, retrancher successivement 8, jusqu'à extinction, en suivant, de bas en haut, la dernière colonne verticale de droite, et en disant : 72 moins 8 égalent 64, moins 8 égalent 56, moins 8 égalent 48, etc.

4e Combien de fois 8 dans 72, — dans 64, — dans 56, — dans 48, — dans 40, — dans 32, — dans 24. — dans 16. — dans 8 ?

XXVIIIe LEÇON.

N° 8.

1 9	=	9
2 . . . . 9+9	=	18
3 . . . . 9+9+9	=	27
4 . . . . 9+9+9+9	=	36
5 . . . . . . 9+9+9+9+9	=	45
6 . . . . . 9+9+9+9+9+9	=	54
7 . . . . 9+9+9+9+9+9+9	=	63
8 . . . 9+9+9+9+9+9+9+9	=	72
9 . . 9+9+9+9+9+9+9+9+9	=	81

EXERCICES SUR LE N° 8.

1e Combien font 1 fois 9, — 2 fois 9, — 3 fois 9, — 4 fois 9, — 5 fois 9, — 6 fois 9, — 7 fois 9, — 8 fois 9. — 9 fois 9?

2e Ajouter neuf fois le nombre 9, en suivant, de haut en bas, la dernière colonne verticale de droite, et en disant : 9 et 9 dix-huit, et 9 vingt-sept, et 9 trente-six, et 9 quarante-cinq, etc. ?

3e De 81, retrancher successivement 9, jusqu'à extinction, en suivant, de bas en haut, la dernière colonne verticale de droite, et en disant : 81 moins 9 égalent 72, moins 9 égalent 63, moins 9 égalent 54, etc.

4e Combien de fois 9 dans 81, — dans 72, — dans 63, — dans 54, — dans 45, — dans 36, — dans 27, — dans 18, — dans 9?

QUATRIÈME PARTIE

XXIXᵉ LEÇON.

Nᵒ 1.

Additions successives du nombre 2 à 1 et à 2, jusqu'à 2 dizaines.

1	2
3	4
5	6
7	8
.	.
.	.
.	.
21	20

XXXᵉ LEÇON.

Nᵒ 2.

Additions successives du nombre 3 à 1, à 2 et à 3, jusqu'à 3 dizaines.

1	2	3
4	5	6
7	8	9
10	11	12
.	.	.
.	.	.
.	.	.
31	32	30

XXXIe LEÇON.

No 3.

Additions successives du nombre 4 à 1, à 2, à 3 et à 4, jusqu'à 4 dizaines.

1	2	3	4
5	6	7	8
9	10	11	12
13	14	15	16
.	.	.	.
.	.	.	.
.	.	.	.
.	.	.	.
41	42	43	40

XXXIIe LEÇON.

No 4.

Additions successives du nombre 5 à 1, à 2, à 3, à 4, et à 5, jusqu'à 5 dizaines.

I	2	3	4	5
6	7	8	9	10
11	12	13	14	15
16	17	18	19	20
.	.	.	.	.
.	.	.	.	.
.	.	.	.	.
.	.	.	.	.
51	52	53	54	50

XXXIIIe LEÇON.

N° 5.

Additions successives du nombre 6 à 1, à 2, à 3,
à 4, à 5 et à 6, jusqu'à 6 dizaines

1	2	3	4	5	6
7	8	9	10	11	12
13	14	15	16	17	18
19	20	21	22	23	24
.	.	.	.	.	.
.	.	.	.	.	.
.	.	.	.	.	.
.	.	.	.	.	.
.	.	.	.	.	
61	62	63	64	65	60

XXXIVe LEÇON.

N° 6.

Additions successives du nombre 7 à 1, à 2, à 3,
à 4 ,à 5, à 6 et à 7, jusqu'à 7 dizaines.

1	2	3	4	5	6	7
8	9	10	11	12	13	14
15	16	17	18	19	20	21
22	23	24	25	26	27	28
.	.	.	.	.	.	.
.	.	.	.	.	.	.
.	.	.	.	.	.	.
71	72	73	74	75	76	70

XXXVe LEÇON.

N° 7.

Additions successives du nombre 8 à 1, à 2, à 3, à 4, à 5, à 6, à 7 et à 8, jusqu'à 8 dizaines.

1	2	3	4	5	6	7	8
9	10	11	12	13	14	15	16
17	18	19	20	21	22	23	24
25	26	27	28	29	30	31	32
.	.	.	.	.	.	.	.
.	.	.	.	.	.	.	.
.	.	.	.	.	.	.	.
81	82	83	84	85	86	87	80

XXXVIe LEÇON.

N° 8.

Additions successives du nombre 9 à 1, à 2, à 3, à 4, à 5, à 6, à 7, à 8 et à 9, jusqu'à 9 dizaines.

1	2	3	4	5	6	7	8	9
10	11	12	13	14	15	16	17	18
19	20	21	22	23	24	25	26	27
28	29	30	31	32	33	34	35	36
.	.	.	.	.	.	.	.	.
.	.	.	.	.	.	.	.	.
.	.	.	.	.	.	.	.	.
91	92	93	94	95	96	97	98	90

FIN.

Paris. —Imprimerie Adrien Le Clere, rue Cassette, 29.

79